真相秘密研究

熊 伟 编著　丛书主编 周丽霞

植物：植物天地大全解

汕头大学出版社

图书在版编目（CIP）数据

植物：植物天地大全解 / 熊伟编著. -- 汕头 ：汕
头大学出版社，2015.3（2020.1重印）
（学科学魅力大探索 / 周丽霞主编）
ISBN 978-7-5658-1700-7

Ⅰ. ①植… Ⅱ. ①熊… Ⅲ. ①植物—青少年读物
Ⅳ. ①Q94-49

中国版本图书馆CIP数据核字(2015)第027440号

植物：植物天地大全解　　　　ZHIWU: ZHIWU TIANDI DAQUANJIE

编　　著：熊　伟
丛书主编：周丽霞
责任编辑：宋倩倩
封面设计：大华文苑
责任技编：黄东生
出版发行：汕头大学出版社
　　　　　广东省汕头市大学路243号汕头大学校园内　邮政编码：515063
电　　话：0754-82904613
印　　刷：三河市燕春印务有限公司
开　　本：700mm×1000mm 1/16
印　　张：7
字　　数：50千字
版　　次：2015年3月第1版
印　　次：2020年1月第2次印刷
定　　价：29.80元
ISBN 978-7-5658-1700-7

前言

科学是人类进步的第一推动力，而科学知识的学习则是实现这一推动的必由之路。在新的时代，社会的进步、科技的发展、人们生活水平的不断提高，为我们青少年的科学素质培养提供了新的契机。抓住这个契机，大力推广科学知识，传播科学精神，提高青少年的科学水平，是我们全社会的重要课题。

科学教育与学习，能够让广大青少年树立这样一个牢固的信念：科学总是在寻求、发现和了解世界的新现象，研究和掌握新规律，它是创造性的，它又是在不懈地追求真理，需要我们不断地努力探索。在未知的及已知的领域重新发现，才能创造崭新的天地，才能不断推进人类文明向前发展，才能从必然王国走向自由王国。

但是，我们生存世界的奥秘，几乎是无穷无尽，从太空到地球，从宇宙到海洋，真是无奇不有，怪事迭起，奥妙无穷，神秘莫测，许许多多的难解之谜简直不可思议，使我们对自己的生命现象和生存环境捉摸不透。破解这些谜团，有助于我们人类社会向更高层次不断迈进。

其实，宇宙世界的丰富多彩与无限魅力就在于那许许多多的难解之谜，使我们不得不密切关注和发出疑问。我们总是不断去认识它、探索它。虽然今天科学技术的发展日新月异，达到了很高程度，但对于那些奥秘还是难以圆满解答。尽管经过许许多多科学先驱不断奋斗，一个个奥秘不断解开，并推进了科学技术大发展，但随之又发现了许多新的奥秘，又不得不向新的问题发起挑战。

宇宙世界是无限的，科学探索也是无限的，我们只有不断拓展更加广阔的生存空间，破解更多奥秘现象，才能使之造福于我们人类，人类社会才能不断获得发展。

为了普及科学知识，激励广大青少年认识和探索宇宙世界的无穷奥妙，根据最新研究成果，特别编辑了这套《学科学魅力大探索》，主要包括真相研究、破译密码、科学成果、科技历史、地理发现等内容，具有很强系统性、科学性、可读性和新奇性。

本套作品知识全面、内容精炼、图文并茂，形象生动，能够培养我们的科学兴趣和爱好，达到普及科学知识的目的，具有很强的可读性、启发性和知识性，是我们广大青少年读者了解科技、增长知识、开阔视野、提高素质、激发探索和启迪智慧的良好科普读物。

目 录

植物的生长变化 001

植物的相互交流 005

植物的地盘争夺战............009

动植物的相互利用............013

植物的报复行为 017

植物的防身术..................021

植物可以预报天气............025

植物落叶意味着什么 029

植物也需要食物 031

植物根的作用 035

植物长毛的作用 039

雷电对植物的影响 043

植物也会呼吸 047

附生植物的生长 051

植物的过冬方法 055

植物与真菌相互依恋 059

会发光的植物 063

植物也要睡觉 067

植物流"油"之谜 071

致幻植物的功过 075

植物能指示矿藏 079

神奇的奏乐植物 083

不怕干旱的植物 087

树的神奇作用 091

计算树木年龄的方法 095

树木怕剥皮的原因 099

绿色树林的功效 103

植物的生长变化

　　植物是生命的主要形态之一，包含了如树木、灌木、藤类、青草、蕨类、地衣及绿藻等。据估计，植物现存大约有35万个物种。

　　那么，这么多植物是怎样来的呢？它们是怎样发展到现在的

状态的呢？

　　由简单向复杂的发展。最早出现的单细胞植物，即一个细胞植物，它是由一个细胞执行着全部的生活功能。后来由于外界环境条件的变化，通过单细胞植物自身的变化，演化成了多细胞植物。多细胞植物细胞结构和功能的分工也越来越细，而有的植物却仍然保留原来单细胞的形式，如硅藻、蓝藻、小球藻等。

　　由水生向陆生的发展。海带、紫菜等都是水生的低等级绿色植物，苔藓植物是水生向陆生转化的过渡类型，直至蕨类植物才成为陆生植物。从水生至陆生是植物进化的一个重要阶段。

从水到陆，环境发生了剧烈的变化，从而引起了植物的发展。

植物为适应陆生的环境，它们逐步相应地产生了根、茎、叶和维管组织来输送水和矿物营养。花粉管的产生，使得植物在受精作用这一重要环节上，不再受外界水分的限制，从而形成了现在陆地上占优势的植物。

由低级向高级的发展。植物在漫长的历史进化过程中，由于不断受到环境条件的影响，从而引起植物内在的变化。

不能适应环境的，将逐渐衰退或灭亡，能适应环境的，就必然要改变自身原来的遗传特性，在形态和功能上发生变异。

蒲公英有着很强的适应能力，它到一个陌生的环境也能生存下来。它的瘦果，成熟时冠毛展开，像一把降落伞，随风飘扬，把种子散播远方。

此外，植物由于环境条件的不断改变和它们自身的不断变异，就出现了越来越多的新植物类型。

在地球的不同部位，以及同一部位的不同地形或方位上，从古至今，环境条件各不相同，因而生长着不同形态和结构的植物，从而形成了现在我们所看到的丰富多彩的植物世界。

延 伸 阅 读

植物是生物界中的一大类，它们一般有叶绿素、基质、细胞核，没有神经系统。植物分类包括藻类、地衣、苔藓、蕨类和种子植物五大类，种子植物又分为裸子植物和被子植物，有30多万种。

植物的相互交流

　　许多动物能够以不同的方式向同伴传递一些信息，以表达自己的意愿等，植物王国里也有信息传送吗？

　　美国的两位科学研究人员，用柳树、赤杨和在短短几个星期内就能把整棵树的树叶吃光的结网毛虫进行实验。

　　他们把结网毛虫放在一棵树上，几天内发现树叶的化学成分有了某种程度的变化，特别是单宁含量明显增加。昆虫吃了这种

树叶不容易消化，便失去了胃口，去别处寻找可口的佳肴，从而保护了树木自身。

更令人大吃一惊的是，树木遭遇虫害后，在65米距离以内，其他树木的叶子在两三天内也发现了类似的变化，单宁含量增加，味道变苦，以此来防御昆虫的侵害。这充分说明了植物之间是有信息联系的。

不仅杨、柳树有互通情报的本领，其他植物也有。曾有两位生物学家做过这样的实验：他们取45棵盆栽杨树放在温室里，其中30棵放在一间屋，另外15棵放在远处的一间屋中。他们将30棵树中的15棵的叶子打破。52小时后两位科学家对树叶进行了分析发现，已打破叶子的15棵杨树与在同一屋中的另外15棵杨树的叶中都含有大量的抗害虫物质，而在远处另一间屋中的杨树叶却和先前一样没有变化。

1986年克鲁格国家公园里出现一件怪事。每年冬季，这里的捻角羚羊有不少都莫名其妙地死去，但与它们共同生活在一个地方的长颈鹿却安然无恙。

原来，长颈鹿可以在公园内随意走动，可以到处吃园内不同树木的叶子。而捻角羚羊则被圈养在围栏内，只能吃到枞树的树叶。

专家研究了死羚羊胃里的东西，发现死因是它们吃进去的树叶里单宁含量非常高，这种毒物损害动物的肝脏器官。

在研究长颈鹿胃里的东西之后，他们发现长颈鹿吃入的食物

品种较多，所吃入的枞树叶的单宁浓度只有6%左右，而捻角羚羊胃里的单宁浓度高达15%。

为什么在同样一些枞树的叶子内，在不同动物胃里，单宁浓度不同呢？经研究专家认为：枞树用分泌更多单宁的方法来保护自己以免遭到动物吞食。

科学家在研究中还发现：当枞树不止一次地受到食草动物的侵袭时，就会向自己的同伴发出危险警报，让它们增加叶里的单宁含量。收到这一信息的树木在几分钟内就会采取防御措施，使枞树叶子里的单宁含量迅速猛增。

延 伸 阅 读

当植物受到侵害时，它会向邻居们发出一种化学信号来传递情报，这种情报信号还会吸引对受伤植物有帮助的昆虫。例如，当一种毛毛虫在吃一种植物时，这种植物就会发出一种可吸引黄蜂的求救信号，让黄蜂来杀死毛毛虫。

植物的地盘争夺战

　　动物为了维持自己的生存，本能地会与同类或不同类动物争夺地盘，这种弱肉强食的现象已是众所周知的事实。这种现象也发生在植物身上。

　　在俄罗斯的基洛夫州生长着两种云杉，一种是挺拔高大，喜欢温暖的欧洲云杉；另一种是个头稍矮，耐寒力较强的西伯利亚云杉。它们应该称得上是亲密的"兄弟俩"，但是在它们之间也进行着旷日持久的地盘争夺战。

　　几千年前这里大面积生长着的是西伯利亚云杉。经过数千年的激烈竞争，欧洲云杉已从当年的微弱少数变成了数量庞大的统治者，而西伯利亚云杉却被逼得向寒冷的乌拉尔山方向节节后退。

学者们认为是自然环境因素帮助欧洲云杉赢得了这场"战争"，因为逐渐变暖的北半球气候更加适于欧洲云杉的生长。

可是仅仅用自然环境因素来解释植物对地盘的争夺，对另外一些植物来说似乎并不合适。因为许多植物的盛衰似乎只取决于竞争对手的强弱，而与自然环境因素无关。

比如在同一地区，蓖麻和小茅菜都长得很好，可是若将它们种在一起，蓖麻就像生了病一样，下面的叶子全部枯萎。

葡萄和卷心菜也是绝不肯和睦相处的一对。葡萄虽然爬得高，也无法摆脱卷心菜对它的伤害。

一种生长在美国西南部干燥平原上的山艾树，蛮横霸道发展到了极点，在它们生长的地盘内，绝不允许有任何外来植物落脚，即便是一棵杂草也不行。山艾树能分泌一种化学物质，而这种化学物质很可能就是它保护自己领地，置其他植物于死地的秘

密武器。

　　一些从国外大量引进的外来植物，在若干年后，竟反客为主。原产于南美洲的鳄草，至今在佛罗里达已统治了全州所有的运河、湖泊和水塘。鳄草是河岸地区的一种多年生根茎类挺水的莎草植物。它有细长、三角形、直立，0.3至1米高的茎和细长的叶片。它的鳞茎经常大量聚集或和其他植物的根和根茎聚在一起形成漂浮的植垫，具有极强的侵略性。

　　过去长满径草的西棕榈海滩，现在已经成了澳大利亚树的一统天下，土生土长的径草反而变得凤毛麟角，难得一见了。此

外，原产澳大利亚的胡椒现在也成了佛罗里达州东南部的植物霸主，还多亏了有人类干预，否则，这些外来植物会把本地植物杀得片甲不留。

延 伸 阅 读

下小雨的时候，雨水从紫云英的叶面流下，但流下的已不是天上的雨水，紫云英叶上的大量的硒被溶进了雨水里，周围的植物接触到有硒的雨水就被毒害而死。这是紫云英为独占地盘而惯用的手法。

动植物的相互利用

　　非洲肯尼亚大草原上的金合欢树上都长满了锐利的刺，这是防止食草动物侵犯的有力武器。其中有一种金合欢树还长着一种特殊的刺，这种刺是空心的，风吹过会发出像哨子一样的声音，所以，它们被叫做哨刺金合欢。

　　在哨刺里头，经常进进出出着一种褐色举腹蚂蚁。非洲的草原在旱季变得干裂，因此，不适合蚂蚁在地下建巢。蚂蚁就把家安在了金合欢树上，住在空心的刺里头做起了房客。

当长颈鹿等大型食草动物小心翼翼地躲开刺去吃金合欢树上的嫩叶时，扯动了树枝，举腹蚁觉察到后便蜂拥而至，拼命地叮咬长颈鹿的舌头，迫使长颈鹿离开。

金合欢树为了留住举腹蚁当自己的保护神，还慷慨地为它们准备了美味的食物——在树叶基部有蜜腺分泌蜜汁供举腹蚁享用。

除了这种褐色举腹蚁，还有两种举腹蚁也以金合欢树为家。一棵金合欢树上只能生活着一种蚂蚁。如果有两种蚂蚁撞到了一起，它们就会展开决斗，直至有一方独霸金合欢树。

在战争中，褐色举腹蚁往往占优势，大约一半以上的金合欢树都被这种举腹蚁占据。蚂蚁和金合欢树的相互关系，是一种互利共生的关系。蚂蚁需要金合欢树为它提供食宿，而金合欢树也需要蚂蚁保护自己少受食草动物的侵害。

　　南美洲巴西的密林中，生长着一种蚁栖树。这种树的树干中空有节像竹子一样，是一种叫树栖蚁的理想住宅。在同一密林中，生长着一种森林害虫，就是专吃各种树叶的啮叶蚁。但这种啮叶蚁对蚁栖树却无可奈何。每当啮叶蚁前来侵犯它的住房时，树栖蚁们就会团结起来奋勇迎敌，坚决将啮叶蚁驱逐出境，保卫房主的树叶安然无恙，郁郁葱葱。

　　蚁栖树不仅为树栖蚁提供免费住所，还产一种小果子专供树栖蚁享用。蚁栖树的每个叶柄基部都长着一丛细毛，其中长出一个小球，是由蛋白质和脂肪构成的，给树栖蚁提供了食物。这些小果子被搬走以后，不久又生出新的来，使树栖蚁长期有东西吃。

　　树栖蚁为报答房主的殷勤款待，不但可以驱赶和消灭各种食叶害虫，也倾全力为蚁栖树做其他好事。比如，树栖蚁精心清除

树上有害的霉菌，帮助蚁栖树同讨厌的藤本植物作斗争等。在树栖蚁的保护下，蚁栖树已经丧失了同类植物所及有的各种防卫能力，所以，一旦失去了树栖蚁的保护，它便无法生存了。

延 伸 阅 读

　　人们尝试着将金合欢树用围栏保护起来，使其不受动物的侵扰，但他们很快发现被保护的树木面临死亡的威胁。因为，在没有长颈鹿等动物的侵扰时，金合欢树就不会有汁液流出，举腹蚁没有吃的，最终只好离开金合欢树。

植物的报复行为

有一种叫做"库杜"的非洲羚羊，被放养在南非几处观赏牧场里，可是没过多久，它们却接二连三地相继死去。为了寻找原因，有关科学家来到牧场，对周围的环境进行了检查，并做了一些试验，发现羚羊之死是缘于这里的一种叫金合欢树的报复行为。

原来在牧场里觅食的羚羊啃吃了金合欢树叶，被吃的树的叶子立即释放一种毒气，飘向其他树叶。得到警报的其他金合欢树叶便迅速做出反应，产生出高剂量含毒的单宁酸。羚羊津津有味地吃下金合欢树叶后，便一命呜呼了。

南美洲秘鲁南部山区有一种像棕榈般的树，巨大的叶子长满了又尖又硬的刺。在天空中飞来飞去的鸟儿累了便停下来休息一会儿。哪知，这种树以为鸟侵犯了它，于是便乘机报复，用尖刺将鸟刺伤或刺死。

欧洲阿尔卑斯山的落叶松，当繁育的嫩苗被羊群吃了后，很快就会长出一簇刺针来，一旦羊群再犯，它们会刺中羊的身体，羊群只得退避三舍。

有趣的是被羊群吞食之后新长出的嫩苗，在刺针的保护下，会一直长到羊群吃不到的高度才抽出枝条来。

秘鲁山区里生长着一种不到半米高，有如脸盆大小的野花，每朵花都有5个花瓣，每个花瓣的边缘上都长满了尖刺，不去碰它倒也相安无事，但如果碰它一下，它的花瓣会猛地飞弹开来伤人，轻者让你流血，重者则会留下永久的疤痕。

一种生长在中美洲名叫"布尔塞拉"的树，会借助于"射击"来保卫自己。如果有个喜好攀折花木的人，不经意间从它的树枝上摘下一朵花或一片叶子，树叶的断口处即刻会喷射出一种令人讨厌的黏性液体，溅得你一身都是。

在印度尼西亚布敦岛西部森林，有一种被称为"飞鸟杀手"的弹树。在它树枝干交叉的枝苞上，会生成钩状的树枝，钩尖倒勾在枝干交叉处另一枝苞上形成牵拉。特别到了4月，由于树上花苞开始吐蕊放香，钩尖一触即发，如果飞鸟禁受不住花香的诱惑，只要一碰上花朵，被绷紧的钩尖即产生强烈的弹力，致鸟当即毙命。

也有一些植物的报

复行为虽不那么直观和轰轰烈烈，但也足以让那些敢于冒犯自己的入侵者刻骨铭心，甚至命丧黄泉。臭虫爬上蚕豆叶面时，会被叶面上锋利的钩状毛缠住无法前进，也无法撤退，直至饿死。

延 伸 阅 读

　　我国云南省有一种叫黑德木的树，别看它平时悄无声息，如果有人劈它一斧或砍它一刀，它即刻"勃然大怒"，伤口处会发出像自行车内胎漏气般的"突、突"声，当地人说这是黑德木对侵略者发出的强烈的"抗议"！

植物的防身术

　　植物相对比较弱小，易受人和动物的攻击，但它仍然有着种种自卫能力。

　　有些植物为了防御敌害，采取隐藏躲避的方法。例如，青藏高原上的雪莲，干脆在冰天雪地的时候才开花，人和动物一般不会在这样的严酷条件下去伤害它，这就便于它的生存了。

　　莲藕、荸荠、芋头等植物的根茎隐藏地下，露在地面的只是一些叶子，即使被吃掉，也无伤大局，不会影响它们的生存。

　　植物的物理武器相当有威力。玫瑰、蔷薇、大蓟、小蓟和仙人

掌等满身长有尖刺，使得人和动物不敢随便碰它，面对它们的尖刺武器，只好退而避之，手下留情了。

在非洲中部的森林里，长着一种坚硬有刺的树木，当地人称之为箭树。箭树含有剧毒，人兽如被它刺中便会立即致死。

我国西双版纳的箭毒木树，树皮里白色乳汁毒性极大，而且有刺鼻气味，如果误入人眼，马上使人双目失明，人吃了，一刻钟就可使心跳停止。

南美洲的热带森林里，有一种叫马勃菌的植物，状似地雷，每个重量达10千克。如果不小心踩着或触动了它，就会发出地雷爆炸般的"轰隆"巨响，同时还会散发出强烈的刺激性气味，使人喷嚏不断，涕泪纵横，眼睛刺痛，人们管它叫植物地雷。

有些植物在进化中形成了

独特的形态，这些形态就成了它们的防身术。例如，我国喜马拉雅山麓有种眼镜草，它的样子很像高昂着头的眼镜蛇，使得敌害不敢接近它。

斯里兰卡生长的舞草，能不停地在空中舞动，食草动物不知这是什么玩意，于是干脆避开它。

北美黄花受到角蝉侵害后，它的日子反会过得好些。因为角蝉的蜜是蚂蚁爱吃之物。为了要吃角蝉蜜，蚂蚁就主动充当北美黄花的卫士，不让别的害虫来伤害北美黄花。这可说是一种借贼防盗的办法。

不过，制造不利于敌人的化学物质则是植物最多见的自卫方法。莴苣能散发出一种刺激性的苦味，使菜粉蝶、菜青虫不敢靠近它。

艾叶分泌的特异气味，则有驱虫防鼠功能。苦楝子中含有一种昆虫拒食剂，虫子不肯去吃它，即使吃了也会死。

可见，植物虽没有手脚和牙齿，为了生存，它也是拥有种种防身之术的。否则，在天敌众多的世界里，几十万种植物又怎能生生不息、代代相传呢！

延　伸　阅　读

植物为了生存，就要抵御病菌、昆虫和鸟类的袭击，一些植物长出了各种奇妙的器官，就像我们人类的装甲一样，比如番茄和苹果，它们就用增厚角质层的办法来抵抗细菌的侵害。

植物可以预报天气

　　我国云南省西双版纳地区生长着一种奇妙的花，每当暴风雨将要来临时，便会开出大量美丽的花朵，红色的花瓣染遍了深山老林，染红了悬崖峭壁。人们根据这一特性，就可以预先知道天气的变化，因此大家叫它风雨花。

　　在澳大利亚和新西兰生长着一种神奇的花，能够预报天气，

大家叫它报雨花。这种花和我国的菊花非常相似，花瓣也是长条形，并有各种不同的颜色。所不同的是，它要比菊花大2倍至3倍。

那么，报雨花为什么能预报天气呢？这是因为报雨花的花瓣对湿度很敏感。下雨前夕，空气湿度增加，当空气湿度增加到一定程度时，花瓣就会萎缩，把花蕊紧紧地包起来，这将预示着不久天就会下雨。

而当空气中湿度减少时，花瓣就会慢慢展开，这就预示着晴天。

当地居民出门前，总要看一看报雨花，以便知道天气的情况，因此人们亲切地称它为"天气预报员"。

在我国安徽省和县高关乡大滕村旁有一棵榆树。令人称奇的是这是一棵能够预报当年旱涝的"气象树"。人们根据这棵树发芽的早晚和树叶的疏密，就可以推断出当年雨水的多少。

这棵树如果在谷雨前发芽，长得芽多叶茂，就预兆当年将是雨水多、水位高，往往有涝灾；如果它跟别的树一样，按时节发芽，树叶长得有疏有密，当年就是风调雨顺的好年景；要是它推迟发芽，叶子长得又少，就预兆当年雨水少，旱情严重。

我国广西壮族自治区忻城县龙顶村有一棵100多年的青冈树，它的叶片颜色随着天气变化而变化。晴天时，树叶呈深绿色。天气久旱将要下雨前，树叶变为红色；雨后天气转晴时，树叶又恢

复了原来的深绿色。所以人们称它为"气象树"。

这棵青冈树，在长期适应生存环境过程中，对气候变化非常敏感。在干旱即将下雨前，常有一阵闷热强光天气，这时树叶中叶绿素的合成受到了抑制，而花青素的合成却加速了，并在叶片中占了优势，因而叶片就由绿色变成了红色。

当雨过、干旱和强光解除后，花青素的合成又受到抑制，而加速了叶绿素的合成，这样叶绿素又占据了优势，所以叶片又恢复了原来的深绿色。

延 伸 阅 读

农作物也能预示晴雨。南瓜在夏季的早晨，如果藤头都向下翘，就预示天要下雨。而在阴雨连绵的天气里，如果南瓜的藤头大多数都向上翘，就预示晴天将要来临，这是因为南瓜藤具有向阳性和向阴性的本能。

植物落叶意味着什么

人类一年到头都周而复始地生活，自然界中其他生物可不是这样。它们在条件适宜时活跃，其他时候就进入休眠状态。

大家都知道叶子对一棵树有多重要，但是叶子也会消耗植物储存的营养。所以一到气候条件变坏时，植物的叶子就落下来了，这样更有利于它们过冬。

除热带之外，温度越低的地方，落叶植物就越多。由于它们的叶子只能存活半年，所以要比不落叶的针叶树生长得快一些。这样才能在有限的时间里充分发挥它的作用。

植物的叶有一定的寿命，一般来说，寿命不过几个月，也有能生活多年的，如松的叶能活3年至5年，冷杉和云杉的叶能活6年至12年。多数植物的叶，生长到一定时期就会自行脱落。

木本植物的落叶有两种情况：一种是叶只生活一个生长季，每当冬寒来临就全部脱落，如杨、柳、苹果等，这叫落叶树；另一种是叶可活多年，而且不定期地脱落，就全树来看，终年常绿，如松、柏、冬青等，这叫常绿树。

植物落叶是一种自我保护机能。秋冬季节，雨水稀少，满足不了树木生长的需要。再加上太阳光斜射北半球，日照时间缩短，也提示树木冬天就要来临。

此时树叶中就会产生一种激素，即脱落酸。当叶片中的脱落酸输送到叶柄的基部时，在叶柄基部会形成一层非常小而细胞壁又很薄的细胞，科学家们称之为离层。

离层的形成会使水分不能正常输送到叶子里。在脱落酸的作用下，离层周围会形成一个自然的断裂面。

叶子得不到水分的正常补充会逐渐干枯，其自然断裂面越来越明显，经秋风一吹，便落叶纷飞，甚至无风也会自动飘零。

落叶是植物的一种正常生理现象，是对不良环境的一种适应性，同时落叶可使植物排除废物，起到更新的作用。植物通过落叶可以缩小蒸腾作用和散热面积，减少体内的水分散失。

落叶片落入土壤中即被分解，养分被植物重新利用，落叶层还能蓄养水分，为种子提供发芽和幼苗的生长温床。一些植物把重金属积累于叶片上，通过落叶来排泄体内的重金属，从而有利于植物的生长。

延伸阅读

植物的落叶有很多用途，它们可以做植物的肥料。秋天到了，树叶一片片掉下来，落在泥土里，慢慢地腐烂了，第二年植物就会长得更高。我国清代诗人龚自珍在《己亥杂诗》中写道："落红不是无情物，化作春泥更护花。"

植物也需要食物

　　植物和人一样，要健康地成长，当然也需要食物了。不过，植物所需的食物大都是自己生产的。

　　植物体上的每一片叶子就像是一个个"小工厂"，叶子里的叶绿素就是一个个"小工厂"里的"员工"。这些"员工"非常能干，能利用阳光的照射将水和二氧化碳合成糖、纤维素和淀粉等物质，而这些正是植物最喜欢吃的美味食品。

叶绿素很勤劳，每天太阳一出来就开始工作，就是在阴天、雨天太阳不出来时，它也能借用云层中透过来的微弱阳光来制造食物，直至天黑了才休息。

当然，植物要成长，除了吃自己制造的食物外，还要吃从土壤中吸取来的碳、氢、氧、氮、磷、钙、镁、硫、锌、铁、锰等多种元素。

科学家曾经做过实验，把新鲜植物放在烈日下曝晒，发现失去了80％至90％的重量，这说明植物在生长过程中吸收了大量的水。据测算，一般植物能吸收相当于自己体重300倍至800倍的水。一棵玉米一个夏天要吸收200多千克的水。水是植物的生命之源，没有水它们就活不下去了。

二氧化碳气体是植物叶子在进行光合作用时所需要的重要物质，而且吸收的数量很大。一公顷土地的阔叶林，在生长季节每小时能吸进42千克二氧化碳。

氮是构成蛋白质的主要成分，对茎叶的生长和果实的发育有重要作用，是与产量最密切的营养元素。在第一穗果迅速膨大前，植株对氮素的吸收量逐渐增加。

磷肥能够促进花芽分化，提早开花结果，促进幼苗根系生长和改善果实品质。缺磷时，幼芽和根系生长缓慢，植株矮小，叶色暗绿，无光泽，背面紫色。

钾能促进植株茎秆健壮，改善果实品质，增强植株抗寒能力，提高果实的糖分和维生素C的含量，和氮、磷的情况一样，缺钾症状首先出现于老叶。

如果缺少了这些元素，植物就生长不好，比如大豆缺少氮，下部叶片开始变浅，以后逐渐变黄、枯干；缺少磷，叶

色变深，叶形小，植株瘦小，生长缓慢，严重时茎变红色；缺少钾，老叶尖部边缘变黄，逐渐皱缩卷曲，生育后期缺钾时，叶片常下垂而死亡。

延　伸　阅　读

　　绿色植物的光合作用是地球上最为普遍、规模最大的反应过程。整个世界的绿色植物，每天可以产生约4亿吨的蛋白质、碳水化合物和脂肪，与此同时，还能向空气中释放出近5亿多吨的氧，为人和动物提供了充足的食物和氧气。

植物根的作用

　　对于植物，人们不仅赞赏花的美丽，更爱果的珍贵，却往往忽视了生长在地下的根。根在潮湿阴暗的土壤里，始终默默地工作着，甘当无名英雄。

　　根一踏上生命的旅途，就以极快的速度钻入土壤，担负起吸收水分和无机盐的任务。根吸收最活跃的区域是根尖部分。每一棵植物都有一个强大的根系，主根生侧根，侧根长支根，支根再

分枝，根系的伸展范围好像树冠的倒影，所以有"树有多高，根有多深"的说法。

在热带海滩上，红树生长在淤泥中，随潮水涨落时隐时现，却不会被带走，就是因为这种树有两种发达的根：一种是支持根，从树干部生出，倾斜地插入淤泥里，可加强树木在淤泥中的稳定性；另一种是呼吸根，从地下根上长出，伸出淤泥，这种根外面有大的皮孔，可与外界进行气体交换，这样就避免了根系在淤泥中因缺氧窒息而死。

植物的根系除了从土壤中吸收营养物质和固定植物外，还能合成植物体所需要的某些重要的有机物质，如南瓜和玉米中很多重要的氨基酸是在根部形成的。由根所合成的氨基酸，运到生长旺盛的部分，用来合成蛋白质，构成新细胞的主要成分。根中还能合成某些激素或植物碱，对植物体的生长和发育具有很大影响。

多数植物的根可贮存养料与水分。有些植物，如甘薯、甜菜、胡萝卜、萝卜的根特别肥大、肉质化，成为贮藏有机养料的贮藏器官。多年生植物的根虽不膨大成肉质状，但都贮藏有大量的养分。如人参、当归、甘草、乌头、龙胆等植物的根，含有许多药用成分，可以供人类使用。

有些植物的根具有极强的萌芽能力，成为它们传宗接代、扩展自身的强大武器。山杨的水平根系特别发达，在贴近地表的土层中生长着许多横根，这些横根能萌发出幼苗。所以在经采伐或破坏后的林间隙地上，山杨很容易天然更新，一般只需要10多年就可长成天然次生林。

　　有些植物的根还能自我施肥。如豆科植物的根系上常常会长出许多根瘤菌，它能捕捉空气中的分子态氮，并将它固定为氨和氨化合物，为植物的生长发育提供大量的氮肥。

延　伸　阅　读

　　在日常生活中，我们可以看到植物根的多种用途。它可以食用、药用和做工业原料。甘薯、木薯、胡萝卜、萝卜、甜菜等皆可食用，人参、大黄、当归、甘草、柴胡、龙胆等可供药用。甜菜可作制糖原料，甘薯可制淀粉和酒精。

植物长毛的作用

　　有些植物的身上长毛，这些毛分布在植物的茎和叶子上，这是它们防御动物侵害的手段。

　　植物的毛有很多种，有的硬如针刺；有的毛虽不硬，但密集成层，可抵抗病菌及小昆虫的侵害，如杨树的叶子上就有密绒毛，可以防菌害和虫害。

　　还有的毛硬而脆，这些毛是有内腔的，就像毛虫一样，里面还有毒液。这种毒液虽不如毛虫毒液之毒，也不容小觑。如果不小心碰到了皮肤，这些毛的尖端就会断裂，将其中的毒汁刺入皮肉内，让人红肿痛痒不止。

　　麻科草本植物中就有不少种类生有这种毛。这些毛生长的位置不同，有的生于茎上，有的生于叶柄上，还有的长在叶片上。荨麻科植物中有种蝎子草，非常有名，也是通过长着毛防御外敌的。蝎子草，顾名思义毒如蝎子。一旦被它的毛刺到了，就如被蝎子尾巴蜇了一样难受。这种草在北京就有不少，郊区近山地的沟边、湿地或路边都可以看到。

　　它的叶子很大，毛也十分明显，凑近细看可以见到毛里面的水泡。麻科中有刺毛的不仅仅是蝎子草，还有些种类的毛虽短而细，看着毫不出奇，如果不小心触到了，同样能使皮肤发痒红肿。

一种极为罕见的野生马铃薯的叶片上长有两种挺厉害的毛。第一种细长，会分泌极粘的液体，一下就能牢牢粘住飞来取食的昆虫，第二种毛短粗，碰伤它就会流出一种毒汁，这些毒汁就将捕到的昆虫毒死了。

棉花植株的软毛能对抗蝉的侵犯，多毛品种小麦比少毛品种更容易不让叶甲虫的成虫产卵和被其幼虫食用。

茅膏菜的叶子上长有许多腺毛，这是为昆虫设下的陷阱。昆虫一落在叶上，这些毛就能弯曲把昆虫卷住，然后分泌出消化液把虫子消化吸收。在一些植物根尖上

长有大量的根毛，这些根毛对扩大根的吸水能力也具有举足轻重的作用。

育种家发现，凡是毛状物密度高的植物，虫害就少。南瓜、冬瓜、玉米的茎叶上也长着一层细毛，它们的叶子面积大，水分从叶片中散失得就多，而那些细细的茸毛密密地集中在叶片上，挡住了气孔，又减少了阳光的直射，使叶片的温度不至于很高，就减少了水分的浪费。

延 伸 阅 读

在我国江浙一带的水域中有一种水生植物，名叫莼菜，其叶呈圆盘形，是一种著名蔬菜，食之爽滑入口。它的茎叶之所以特别滑爽，是因为茎叶上有黏液的缘故，在茎叶幼嫩时，黏液分泌得尤其多，可以借此防止被水中动物侵害。

雷电对植物的影响

电对植物的影响是随处可见的。在很早以前人们就发现，频繁的雷电对农作物的成长发育是有好处的，它能缩短作物的成熟期，提高作物的产量。在避雷器和高压电线附近就能明显发现这一点。

科研人员利用人工闪电做了试验，结果发现，经过闪电处理的豌豆比未处理的分枝数增加，开花期也提前10天左右。

植物接受任何一个微小的电荷都像喝了一口滋补饮料，会加速它的生命过程，可以使植物迅速成熟，果实更为丰硕。能享受电营养品的不仅是草，还有树木。

美国科学家曾用弱电治疗树木癌肿病以及其他危难病症。春天，短时间把电极插入树内，通入交流电，电流就进入树枝、树根和土壤，每次治疗时间要根据"患者"的病情来确定。一段时间之后，就会出现奇迹，树上长出了新枝和新皮，患处也开始结疤。不过这样做只有弱电流才行。

经研究发现，所有植物的细胞都是一种特殊的电磁，因此整棵植物总是不断地有弱电流通过。哪怕是一个最微小的幼芽，它能够生存的原因，也是因为有电流通过。当电子爬上草花的花冠，它身上的电就会发出信号，驱使它的蜜腺分泌出甜汁。上面的事例，说明植物是离不开电的。那么，植物和雷电有什么关系呢？

　　所有的花粉都带正电荷，雌蕊带负电荷。正是由于正负电荷的吸收，花粉和雌蕊才有了接触的机会。大家知道，雷是正电和负电相接触的结果，这就和植物有了关系。美国华盛顿大学的文特教授和苏联基辅大学的格罗津斯基教授就认为，雷电就是由植物引起的。

　　根据是什么呢？据统计，全世界所有的植物每年蒸发至大气里的芳香物质大约有1.5亿吨。这些芳香物质是迎着阳光飞舞的，每一滴芳香物质都带有正电荷，并把水分吸到自己的身上，水分就形成了一个水汽罩，把芳香物质包在核心。就这样一滴滴、一点点地逐渐积聚，越聚越多，最终形成可以发出电闪雷鸣的大块乌云。

　　地球各大洲的上空，每秒钟大约发生100次闪电。如果把闪电所释放的全部电收集起来，就可以得到功率为一亿千瓦的强大电

荷。这正是植物每年散布到空中的数百万吨芳香油所带走的那部分能量。植物把电能传给大气，大气又传给大地，而大地再传给植物。电就是这样年复一年、经久不停地循环着。

延 伸 阅 读

科学家研究发现，许多植物都与电有密切关系。当雨快到来时，蒲公英的花盘就会马上收拢；当乌云遮盖太阳时，阿尔卑斯山的龙胆草就会立即合拢，一旦太阳出来，它便立即开放，如果遇到阴晴不定的天气，那它可就要忙坏了。

植物也会呼吸

　　植物虽然没有呼吸器官，但是，实际上植物在它的一生当中，无论是根、茎、叶、花，还是种子和果实，时时刻刻都在进行着呼吸，只是人的肉眼看不出来。

　　那么，植物为什么要进行呼吸？其实，生物吸进氧气，呼出二氧化碳，只不过是呼吸活动的表面现象。而呼吸的本质是生物的身体里的有机物质氧化分解的过程。对植物来说，通过呼吸才能把光合作用所制造的有机物质加以利用。植物身体里有许多有机物质，如糖类、脂肪和蛋白质都要通过呼吸作用来进行氧化分解。

　　平常在氧气充足的情况下，植物体内的有机物质被彻底地氧化分解，最后生成二氧化碳和水等，这叫有氧呼吸。有氧呼吸能够释放出很

多能量，这些能量可以供给植物本身生命活动的需要。比如细胞里的分裂、组织分化、种子萌发、植株成长、花朵开放等过程，以及植物的根从土壤里吸收水分和肥料，营养物质在身体里的运输等活动都需要能量。

植物在呼吸过程中，有机物质的氧化分解是一步一步进行的，整个过程中间会生成许多种化学成分不同的物质。这些物质是植物用来合成蛋白质、脂肪和核酸的重要材料。所以，呼吸活动跟植物身体里各种物质的合成和互相转化有密切关系。

植物如果处在缺氧的环境里，它不会像动物那样马上停止呼吸，很快死亡。植物在缺氧的时候，虽然没有从外界吸收氧气，可是它照旧能够排出二氧化碳，这叫无氧呼吸。

苹果储藏久了，为什么会有酒味？高等植物在水淹的情况下，可以进行短时间的无氧呼吸，将葡萄糖分解为酒精和二氧化碳，并且释放出少量的能量，以适应缺氧的环境。

植物的呼吸作用和对农产品的贮藏也有着密切的关系。粮食、水果和蔬菜等收下来以后呼吸活动还在进行。在贮藏过程中，一方面要让呼吸继续进行，这样，粮食、水果和蔬菜等才不会变质；另一方面又要使呼吸尽量减弱一些以减少消耗。

粮食种子进入仓库以前要测量一下含水量。各种粮食种子的含水量符合国家标准时，种子正好进行微弱的呼吸，这样既能保持生命力，营养物质的消耗又比较小。

我们知道，小麦的安全水分是13%，高于这个数值会呼吸旺盛，减少有机成分，严重会霉变、生虫，丧失食用价值，所以在贮藏小麦时要把它晒干。

另外，其他粮食作物若要长期保存，则可以用将容器抽真空然后充氮气的办法来抑制粮食的呼吸活动。

延 伸 阅 读

海桑树生长出许多向上的根，在退潮时，靠这些根可以进行呼吸。这种根的顶端松软，有孔，里面有气道，有利于空气的流通和贮藏。这种根也属于气根的一种，它的主要功能是呼气，所以又叫呼气根。

附生植物的生长

在气候湿润的大森林里，树皮和枝丫上，常常长着许多形体小巧的植物。其中，苔藓植物犹如棉衣穿在树干和树枝上，形成了苔藓林景观；地衣植物中的线型松萝，如同树的胡须挂满树枝随风飘荡；雨林里的兰科、萝藦科等植物，种类繁多，附生在树干上，姿态动人；蕨类植物在雨林里也是别具魅力，鸟巢蕨高高地骑在树丫上或悬挂在树干上。

  由于热带雨林内的气候非常湿热，这些悬空而生的植物长得非常娇嫩，开出五颜六色、绚丽多彩的花朵，把那些大树装扮得好像一个个花团锦簇的空中花园。

  植物一般是生长在土壤里，而这些附生在大树上的花草，难道和菟丝子一样是不劳而获的"寄生虫"？其实它们是用自己的根茎和气根，吸取空气中的水分，靠自己的绿叶进行光合作用，制造养分，完全没有从他人身上获取东西。所以，它们只不过是些"寄人篱下"，借树栖身的"房客"。

  这些附生植物既然能够自食其力，为什么却要依附于他人身上呢？这是因为它们的植株十分矮小，在密密层层的雨林里，很难得到阳光的照射，为了生存下去，它们只好"寄居"到那些高大的树木上去了。在大树身上，附生植物获得了较为充足的阳光，能够正常地生长了。

附生植物是怎样到大树身上落户的呢？原来，它们的种子极其顽强，一遇到适合生长的环境，就会发芽生根。

有一种叫电线草的附生植物，附生的本领极强，它竟然能在电线上生长起来。被人们喜爱的观赏兰花，也是一种附生植物。

附生现象是植物对大自然的一种适应，植物的生命力很强，其种子只要遇到合适的条件，就能生根发芽。当种子被风吹起或由鸟类传播，偶然落在符合生存条件的树木或枯萎的树干上，它就成长为附生植物。

附生植物在形态和生理上，已形成适应生态环境的特性。比如鸟巢蕨的形态似鸟巢状，可以截留尽量多的雨水以及枯落物、鸟粪等，海绵状的枯落物可储存水分，并提供营养物质。

延伸阅读

鼎湖山的一些附生植物选择锥栗、荷木等大树苍老的枝干，作为自己的安身之所：脆花兰、蜈蚣藤、狮子尾等在枝干上划地为营，将自己发达的根系深扎干树皮裂隙之间，巧取豪夺，繁衍生息。

植物的过冬方法

　　植物具有一定的耐寒作用，在某个范围内，它们是能承受得住寒冷的。它们虽然不怕冷，但是冷到一定的温度下还是不行的。一般种子植物生长活动的最低温度是0摄氏度。每到冬天，有些地区千里冰封，大地上几乎找不到红花绿叶。但在此时，你也能找到一些不怕冷的"英雄好汉"。

　　在我国青藏高原上，就有一种叫雪莲的植物。它生长在海拔

5000米高处，能对着皑皑白雪开出紫红色的鲜花。阿尔泰山的银莲花，能在零下10摄氏度的环境下，从很厚的雪缝中钻出生长。

有些松柏类植物，能抵御零下30摄氏度至零下40摄氏度的低温。在西伯利亚有一种植物，能在零下46摄氏度的低温下开花。

在自然条件下，它们算是不怕冷的"英雄"了。俄罗斯科学家用人工控制方法，把白桦树放在逐步降温的环境里，它竟能耐得住零下195摄氏度的低温。看了，世界上还真有冻不死的"好汉"。

为什么有的植物能够安稳地度过寒冬？它们又是怎样战胜寒冷的？要想找到问题的答案，就必须先了解植物的一些应变能力和它们对环境的适应性。

科学家们通过对春种小麦和秋种的高粱进行比较研究后发现，严寒几乎能完全终止作物的生长，却阻止不了作物的光合作用。

　　此时，植物生长出的不再是茎和穗，而是积累着成为低温保护层的生物抗寒物质，如蛋白质和最重要的高耗能脂肪类等。

　　正是这些物质，才使得植物能够最大限度地降低其对寒冷刺激的敏感。生活常识告诉我们，植物要想免受寒冷的侵害是不可能的。在寒冷的冬季，如果植物细胞内的水冻结了，植物就会很快死去。

　　在严寒条件下，植物能否成活主要取决于其细胞膜片结构能否保存完整。对此，植物自有妙法。当气温降至1摄氏度时，其

细胞内便发生一系列生物化学变化，这种变化能促使细胞内流出水，并渗入到细胞间的空隙中，在那儿被冻结。冻结的冰层覆盖住细胞，这样既可保护细胞，使其内部不至冻结，又可激发脂肪的进一步积累，增强抗寒能力。一般常见的雪松，其耐寒能力较强，成年雪松可耐零下25摄氏度的短期低温。

耐寒的植物品种都有适寒、抗寒的作用，其奥秘就在于配置在植物体内的各种结构要素在发挥着重要的作用。

延　伸　阅　读

地衣是地球上最耐寒的植物，能在高山带、冻土带和南、北极地区等其他植物不能生存的地方生存，而且能够生长、发育、繁殖得很好，常常形成一望无际的广袤地衣群落。即使在零下198摄氏度，南极地衣仍能自在生存。

植物与真菌相互依恋

　　水晶兰的身上没有叶绿素，茎上不长叶子，而是覆盖着无色的小鳞片，形态上很像某些寄生植物。在多年前，这种叫水晶兰的植物就已经引起了科学家的广泛兴趣。

　　水晶兰不具备叶绿素，显然只能摄取现成的有机养料，那么它是如何得到有机养料的呢？是像腐生植物那样完全依靠自己获

取营养，还是如同寄生植物那样从树根上获取呢？

水晶兰不是寄生植物，完全是从土壤里获得有机营养。

水晶兰根的整个表皮覆盖着密密麻麻的某种真菌的菌丝，菌丝体比表皮本身厚一两倍。

小根的末梢是在真菌鞘里，单独或成束的菌丝从四面与真菌鞘分开，这与寄生真菌有所不同，因为后者菌丝只在根的表面，而不会侵入至根的组织中去。显然，水晶兰是由菌丝承担了供水营养的任务，在生理上取代了根毛的作用。

水晶兰中的奇妙现象，使更多的学者开始对兰科植物进行全面研究。

他们发现兰花的种子

异常微小，外面有厚膜包着，里面几乎没有任何贮存的营养物质，而且它在人工条件下根本不萌芽。

植物学家贝纳尔在偶然的情况下检查了水晶兰的一个果实，看见里面有几个已经发了芽的种子，其实严格地说，它们已不是种子，而是极小的幼苗。

他发现幼芽细胞里都有极细的小纤维团，这是进入到兰花种子里的某种真菌的菌丝。

当时，兰花和真菌共生的现象已为人所知，但谁也没料到长在梭状茎上的真菌菌丝能穿过茎，传到里面成熟的种子内。

为此，贝纳尔提出假设：真菌进入到兰花的幼芽里绝非偶然，而是兰花种子萌芽必不可少的条件。

为了证实自己的假说，贝纳尔从兰花根上取得真菌小团，分别放在营养冻胶上进行培养，最后形成类似霉菌的东西。

与此同时，贝纳尔在严格消毒条件下对兰花种子进行人工培养，但没有发芽，后来他往培养基中加了一小块霉菌，结果很有效。当真菌菌丝一进入种子里，种子就会开始萌发，几个月之后就长出了正常的兰花。这样，贝纳尔第一次证明了兰花种子萌芽时一定要有共生真菌才行。

延 伸 阅 读

共生真菌从植物体内获取必要的碳水化合物及其他营养物质，而植物也从真菌那里得到所需的营养及水分等，从而达到一种互利互助、互通有无的高度统一。因此，这类植物既具有一般植物根系的特征，又具有专性真菌的特性。

会发光的植物

动物会发光这是大家所知道的，比如萤火虫便会发光。然而，如果有人告诉你植物也会发光，你会相信吗？

100多年前，入侵新几内亚岛的荷兰远征军为了防止土著人袭击，在沿海处建立了一座城堡。一天晚上，城堡上的人惊奇地发现，在一个士兵走过的沙滩上留下了一串可怕的亮脚印。

于是，就派人悄悄跟踪这个士兵，可奉命前去跟踪的人也留

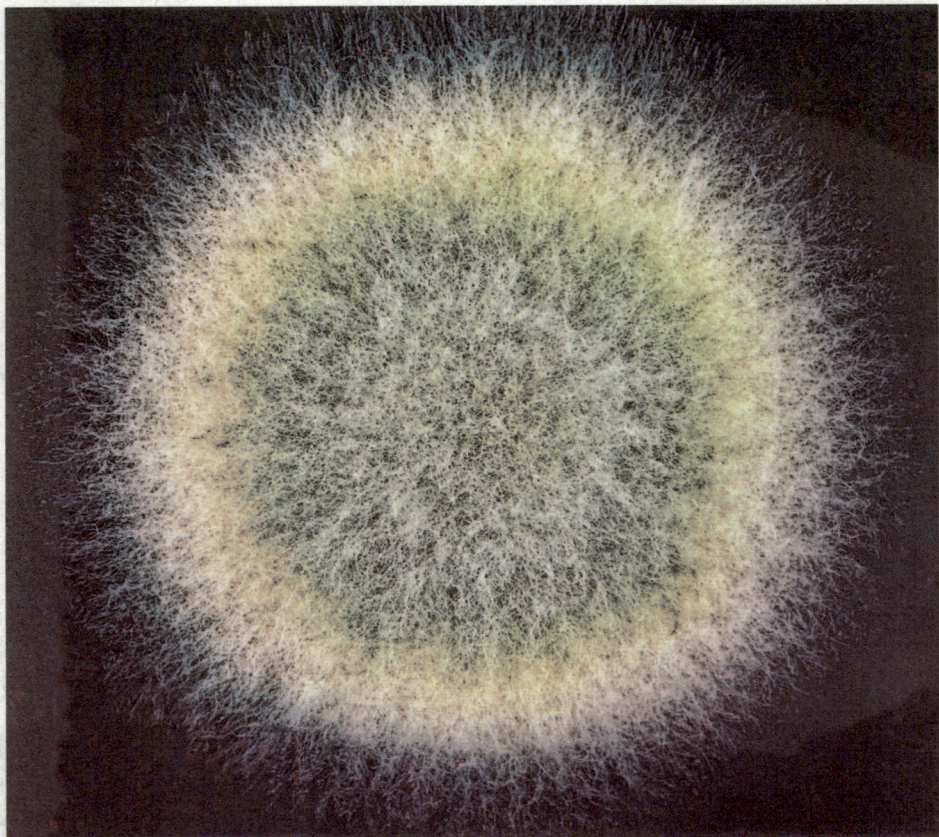

下了同样的亮脚印。以后，这种现象又陆续发生了几次，这下人们才发现，凡是风雨之夜，无论谁在沙滩上行走，都会发生同样的情况。究竟是什么在发光呢？

现在人们已经弄清楚了。海藻中有许多藻类植物，甲藻便是其中之一。甲藻的不同之处在于它能发出荧光。甲藻细胞内含有荧光酶和荧光素，平时不显得特别，一旦被触动、受到刺激或氧气十分充足时，便会产生光亮。风雨之夜，当甲藻被海浪冲上沙滩后，由于雨水的浸润，没有马上死去，这时如果有人在沙滩上行走，甲藻受到脚踩的刺激后，便会重新发光，亮脚印就是这样产生的。

据称，在我国江苏省丹徒县发生过这么一件事：有几棵生长在田边的柳树居然在夜间发出一种浅蓝色的光，而且刮风下雨，酷暑严寒都不受影响。这是怎么回事呢？有人说这是神灵显现，有人说这些柳树是神树，一时间闹得沸沸扬扬。

科学家们得知这一消息后，对柳树进行了体检，并从它身上刮取一些物质进行培养，结果培养出了一种叫"假蜜环菌"的真菌。答案找到了。原来，会发光的不是柳树本身，而是假蜜环菌，因为这种真菌的菌丝体会发光，因此它又有"亮菌"的雅号。假蜜环菌在江苏、浙江一带较多，它专找一些树桩安身，用白色菌丝体吮吸植物养料。白天由于阳光的缘故，人们看不见它发出的光，而在夜晚，就可以看见了。其实，不但真菌会发光，其他菌类也会发光。据说，在1900年巴黎举行的国际博览会上，有人把发光细菌收集在一个瓶子里，挂在光学展览室里，结果这个"细菌灯"把房间照得通明！

　　菌类为什么会发光呢？原来，在它们体内有一种特殊的发光物质叫荧光素。荧光素在体内生命活动的过程中被氧化，同时以光的形式放出能量。这种光利用能量的效率比较高，有95％的能量转变成光，因此光色柔和，被称为冷光。

延 伸 阅 读

　　我国江西省井冈山地区也有一种能闪闪发光的树，当地人称它为"灯笼树"。它是一种常绿阔叶树，树叶里含有大量磷质。每逢晴天的夜晚，树上荧光点点，恰似高悬着的千万盏小灯笼，为过往行人照明指路。

植物也要睡觉

人在学习和劳动了一天之后累了，晚上便上床闭起眼睛睡眠。猫、狗也是躺下来睡的；鸟类往往栖在树枝上，膨起羽毛，缩着脑袋做起梦来；鱼在水中静止不动，而鳃还在有规律地一开一合，其实这时它已睡着了。

科学家说，植物也需要睡眠。每逢晴朗的夜晚，我们只要细心观察，就会发现一些植物已发生了奇妙的变化。比如常见的合

欢树，它的叶子由许多小羽片组合而成，在白天舒展而又平坦，一到夜幕降临，那无数小羽片就成双成对地折合关闭，好像被手碰过的含羞草。

有种小草叫红三叶草，只要天一黑它就睡了。在阳光下，它的每个叶柄上的3片小叶都展开在空中，可晚上却是另一种样子：3片小叶折叠在一起，垂下了头。像红三叶草的叶子那样，每逢晚上，或在黑暗中出现闭合的现象，一些植物工作者称之为"睡眠运动"。

植物的叶子会睡，植物的花也会睡。夜晚，蒲公英的小花向上竖起闭合，胡萝卜的花向下垂头，都表明它们已进入梦乡。不过，晚香玉和"夜开花"等植物是在夜晚怒放的，因为它们"上夜班"，所以改在白天睡眠。

　　选择白天闭合的植物，则为了减低和阳光的接触面，降低水分的蒸发，并且还可防止害虫的侵扰。

　　植物的睡眠与光线明暗，温度高低和空气干湿有关。科学家对植物的睡眠现象进行过研究，认为植物之所以要睡眠，大概有以下几个原因：

　　一是夜晚比白天冷，夜晚闭合叶子和花朵，可以避免寒露和霜冻的侵袭；

　　二是闭合可减少水分的蒸发，有保持适当湿度的作用；

　　三是热带植物的叶子往往在白天闭合，是为了减少叶面水分的蒸发；

四是夜晚开花的植物白天睡眠，有防止水分和体温过多散发及防止昆虫捣乱的作用。

总之，植物睡眠与人和动物睡眠一样，都是一种自我保护本领，是为了自身的更好生存。

延　伸　阅　读

在植物界中，太阳花就是一个贪睡的小家伙。它在上午10时才刚刚醒来，绽开出五颜六色的花儿，可是一过中午，它的花就闭合起来睡眠了。碰到阴天，它似乎很贪玩，要到傍晚才进入梦乡。

植物流 "油" 之谜

巴西的热带<u>丛林</u>中有一种能长石油的树,这种树就是香胶树。树干里含有大量的树液,树液可不用提炼直接当柴油用。

人们只要在香胶树上打个洞,在洞口插进一根管子,油液便会溢出来。

一棵直径1米,高30米的香胶树,两个小时就可收获10升至

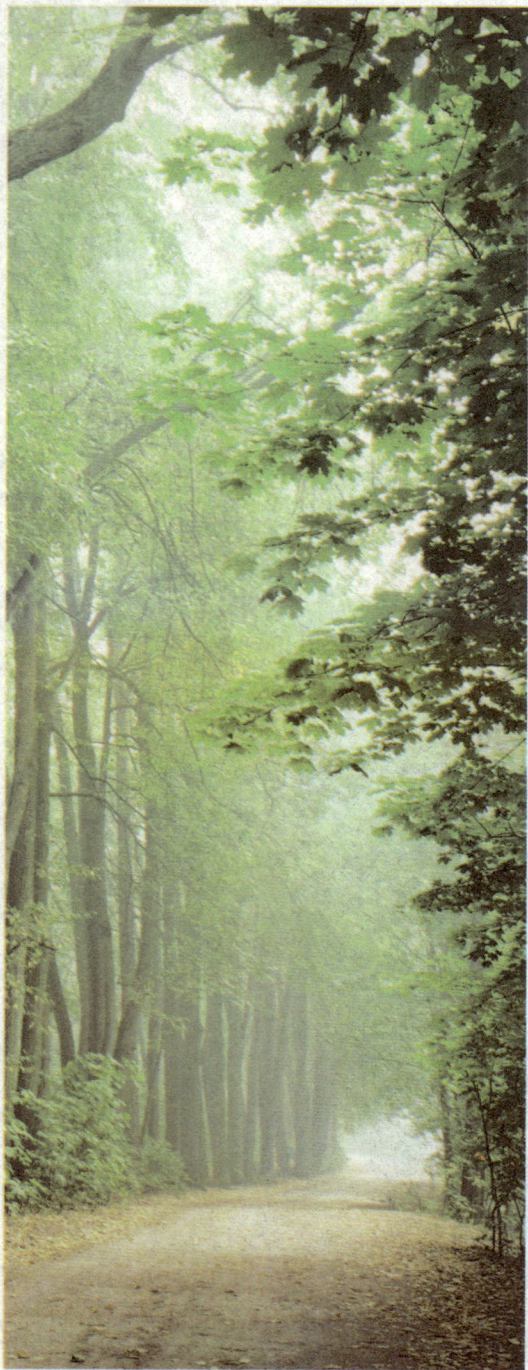

20升的树液。取树液后用塞子将洞口塞住，6个月后还可以再次采油。据估计，1公顷土地种上90棵香胶树，可年产石油225桶。目前，巴西、美国、日本、菲律宾等国正在种植这种"柴油树"。

除了香胶树，科学家还发现了一些其他能产"油"的植物。我国的海南省尖峰岭林区有一种油楠树，它的树干被砍伤以后，会流出淡黄色油状液体来，这种液体可以像油那样燃烧，当地的人用它来点灯照明。

油楠树的木质内含有丰富的油脂，其可燃性能与柴油相似，故称"柴油树"。当削开它的韧皮部或砍断枝丫时，油脂就会自行溢出，尤其是砍倒大树时，油溢如泉涌。它是一种珍贵的能源树种。

广东省怀集、台山及海南省等地，生长着一种竹柏。它高达20至30米，每年都开花结果，果实含油量达51％，加工后既可以食用，又可作为工业用油。

美国有一种杏槐，它的胶汁经过简单加工，可以成为一种燃料油。有人发现12种大戟科植物，都可生出类似石油的燃油。如产在北美、西欧、非洲的含油大戟是一种灌木，高约1.5米至2米，它的胶汁状树液可以制成类似石油的燃料。

我国陕西省有一种白乳木，它也会流出一种白色的油，可以用来点灯和作为润滑油；南美有一种叫绿玉树，树皮可流出血色液汁，可直接燃烧，因为像牛奶，

所以又称"牛奶树"；南美还有一种马利筋属的草，会分泌出白色可燃液汁，所以被称为"牛奶草"；墨西哥、美国和以色列等地，还生长一种叫"霍霍巴"的灌木，它的籽实含有50%的液体蜡，也可以作为燃料。

延 伸 阅 读

西非有一种燃烧能力很强的"煤树"，高三四米，树身粗壮呈黑色，树皮有光泽。这种树含有一种油脂，非常易燃，其燃烧力比煤还大。据说，有一棵"煤树"失火，烧了3天后，那棵树只烧去了一些小枝丫，而树身仍完好无损。

致幻植物的功过

有些植物体内含有某种有毒成分，如裸头草碱、四氢大麻醇等，当人或动物吃下这类植物后，可导致神经或血液中毒。中毒后的表现多种多样：有的精神错乱，有的情绪变化无常，有的头脑中出现种种幻觉，常常把真的当成假的，把梦幻当成真实，从而做出许许多多不正常的行为来。

有一种称作墨西哥裸头草的蘑菇，体内含有裸头草碱，人误食后肌肉松弛无力，瞳孔放大，不久就发生情绪紊乱，对周围环境产生幻觉，似乎进入了梦境，但从外表看起来仍像清醒的样子，因此所作所为常常使人感到莫名其妙。

褐鳞灰生菌的服用者面前会出现种种畸形怪人：或者身体修长，或者面目狰狞可

怕。很快，服用者就会神志不清，昏睡不醒。

还有一种古巴裸盖菇，它可以制成魔术药剂，人们服用后，瞳孔放大，心跳缓慢，浑身发抖，15分钟后便进入幻境。有的服用者表现出极度愉快，狂歌乱舞；有的服用者表现出抑郁烦躁，哭笑无常；还有的服用者甚至行凶杀人或自杀，不能自我控制。

印度有一种菌盖非常艳丽叫做毒蝇伞的蘑菇，它含有致幻成分为毒蝇碱，人食后一刻钟便进入幻觉状态，浑身颤抖，如痴如醉，傻态可掬，往往做出一些令人捧腹的滑稽动作。

服用者所看到的东西都被放大得很大，普通人在他的眼里却变成了顶天立地的巨人，使之产生惊骇恐惧的心理，有的被激怒得发狂，直至极度疲倦，才昏然入睡。据说，猫误食了这种菌，也会慑于老鼠忽然间变得硕大的身躯，而失去捕食老鼠的勇气。

华丽牛肝菌和我国云南省山区生长的小美牛肝菌，却具有与毒蝇伞相反的作用，人食用后可产生"视物显小幻觉症"。当人们进入幻觉状态后，便会看到四周有一些高度不足一尺的小人，他们穿红着绿，举刀弄枪，上蹿下跳，时而从四面八方蜂拥而来，向患者围攻，时而又飘然而去，逃得无影无踪。吃饭时，这些小人争吃抢喝，走路时，有的小人抱住腿脚，有的爬到头顶，使患者陷于极度恐惧之中。

巴西有一种豆科植物，也具有致幻作用。当地人常把它碾碎后作为鼻烟，闻后不久便会失去知觉。当知觉恢复后，人会感到

　　四肢发软无力，所看到的东西和景物都是倒立的，并产生种种荒唐而离奇的幻觉。大麻是一种有用的纤维植物，但是它含有四氢大麻醇，这是一种毒素，过量食用能使人血压升高、全身震颤，逐渐进入梦幻状态。

延　伸　阅　读

　　曼陀罗主要成分为山莨菪碱、阿托品及东莨菪碱等。上述成分具有兴奋中枢神经系统、阻断反应系统、对抗和麻痹副交感神经的作用。临床主要表现为口干、吞咽困难、声音嘶哑、瞳孔散大、谵语幻觉、抽搐等。

植物能指示矿藏

　　植物在生长过程中，需要吸收某些矿物质，如果它生长的那个环境正好富含这些成分，那么它就把根向深处扎，以便吸收得更多，以满足茎、叶、花和果实的需要。于是，科学家根据植物生长的某些"反常"现象，通过对这类植物的矿物质富含量的测定，就可能在这些植物生长的地方找到矿床。

　　某些种类的植物在漫长的生长进化过程中，为了更好地适应

自然环境，求得生存，于是便形成了这样或那样的"探矿"特异功能。

在我国和朝鲜的边界地区，生长着一种铁桦树。它木质坚硬，甚至连铁钉都很难钉进去，这是由于它吸进了大量硅元素的缘故。因此，在铁桦树生长茂盛的地方，就有可能找到硅矿。

在我国的长江沿岸生长着一种叫海州香薷的多年生草本植物，茎方形，多分枝，花呈蓝色或蔚蓝色。它的花的颜色是铜给"染"上去的。海州香薷很喜欢吸收铜元素，当吸收到体内的铜离子形成铜的化合物时，便将花"染"成蓝色。所以凡是这种草丛生的地方，就有可能找到铜矿。因此香薷又有了"铜草"的美名。

在乌拉尔山区，地质学家以一种开蓝花的野玫瑰为"向导"，发现了一个很大的铜矿。

有人还根据一种叫灰毛紫穗槐的豆科植物，找到了铅矿，根据堇菜找到了锌矿。

此外，地质工作者还发现，在大量生长七瓣莲的地方，可能找到锡矿；在密集生长长针茅或锦葵的地方，可能找到镍矿；在茂盛生长喇叭花的地方，可能找到铀矿；在开满铃形花的地方，可能找到磷灰矿；在忍冬丛生的地方，可能找到银矿；在问荆、风眼兰生长旺盛的地方，地下往往藏有金矿；在羽扇豆生长的地方可能找到锰矿。

有趣的是，一些生长畸形的植物，也往往是人们寻找矿藏的好"向导"。比如有一种叫做猪毛草的植物，当它生长在富含硼矿的土壤中时，枝叶变得扭曲而膨大。

青蒿生长在一般土壤中时，植棵高大，而生长在富含硼的土

壤中时，就会变成"小矮老头"。根据它们的这种畸形姿态，便可能找到硼矿。

有的树木会患一种"巨枝症"，枝条长得比树干还长，而叶片却变得很小，这种畸形的树可提示人们可以找到石油。

延 伸 阅 读

根据植物花的颜色变化人们也可以找到相应的矿藏。比如，铜可以使植物的花朵呈现蓝色；锰可以使植物的花朵呈现红色；铀可使紫云英的花朵变为浅红色；锌可以使三色堇的花朵蓝黄白三色变得更加鲜艳……

神奇的奏乐植物

　　当你来到南美洲安第斯山北麓，就能听到一阵阵清脆悦耳的笛声，那是谁在演奏呢？原来，这是一种会奏乐的树发出来的声音，当地人叫它"蒲甘笛树"。

　　这种树要10个人手拉着手才能把它围起来，树荫十分浓密，片片叶都像喇叭似的，好像挂在树梢上的千百万支笛子，在风的

吹奏下发出优美动听的乐曲。

有趣的是，随着风的大小和方向的变化，曲调和节奏也会发生变化。当微风吹拂时它低头呻吟，当狂风劲吹时它山摇地动，当风雨交加时它发出密如连珠的鼓声。

笛树为什么会奏乐呢？人们在它的喇叭状的叶子上找到了秘密。叶子的末端有个小孔，由于叶大小不一，叶孔也就各异了，不同强度的风吹过这些小孔时，就发出各种高低长短不同的声音，形成了抑扬顿挫的声音。

所以，每当盛夏的傍晚，人们经常会来到山林中，参加那奇特的音乐会，欣赏大自然音乐家演奏的美妙乐曲。

非洲象牙港地区生长着一种外形很像柳树的树，一条条枝叶从树上倒垂下来。当微风吹来时倒垂的枝条婆娑起舞，互相碰撞，发出了"叮咚叮咚"的悠扬琴声。原来这种植物的叶子纤维组织非常细密，就像玻璃一样。当微风吹来时树叶互相碰撞，就发出像我们平常听到的风铃一样的美妙声音。

在非洲有一种名叫"捷达奈"的落叶乔木，树干高大，生长茂盛。它的果实别具一格，形状呈菱形，顶端有个天然的小孔，果壳薄而硬，果内无肉，只有几个坚硬的核。当风吹来时，果实摇动，果核撞击果壳，发出清脆的响声，犹如音乐家奏出令人陶醉的乐章。据说，一位瑞典音乐家，曾专程到这里欣赏这种大自然的"乐曲"，并获得灵感。

树木发出的声音并不都像美妙的音乐，在巴西，生长着一种名叫"莫尔纳尔蒂"的灌木。这种树属木本类植物，白天时，它会不停地发出一种委婉动听的乐曲声；到

了晚上，它又会连续不断地发出一种哀怨低沉的泣声；等到天亮时，它又变为悦耳动听的乐曲声。植物学家研究认为这种树能昼夜发出不同的声响，与阳光的照射有着密切的关系。

延 伸 阅 读

　　在非洲的扎伊尔有一种会吹笛的荷花，人们叫它"水笛荷"。当微风从湖面拂过，一朵朵荷花便发出清脆幽雅的笛声。它的花朵巨大，花的基部有4个小孔，气孔内壁覆盖着一层花膜，只要有微风吹来，就会发出各种音响。

不怕干旱的植物

仙人掌是一种常见的极耐旱的植物。它不但是贮水的能手，还是节水的模范。如北美沙漠中的一棵高15米至20米的仙人掌，可蓄水两吨以上。这类植物不但贮水多，利用起来还特别经济。

有人曾做过这样一个实验：把一个重达37.5千克的大仙人球放在房间里不浇水，每过一年称一次它的重量，6年之后，它一共

才蒸腾了11千克水分，而且水分的蒸腾量一年比一年少。

像仙人掌、"死不了"马齿苋、仙人球这类植物，它们因为特别能吸水贮水的特点而称为多浆植物，多属于仙人掌科、大戟科和景天科，在中、南美洲和南非洲的一些沙漠里分布很广泛，特别是多种多样的仙人掌类。这类植物每到白天就会把气孔关闭，到了晚上再开放，光合强度非常微弱，因而它们生长也非常慢。

在自然界，还有一类旱生植物，它们不善于贮存水分，但却有极强的耐旱作用。这类植物体内含水时极少，显得又干又硬，成为少浆液的旱生植物。在这类植物中，有的叶片变得很小，甚至全部退化成鳞片状，以减少水分的支出。光合作用则用绿色茎枝来代替。如沙拐枣、梭梭等。

有一种叫蓑草的旱生禾草植物，它的叶子在干旱时能卷成筒状，气孔被卷在里面可以降低蒸腾作用。可见，这类旱生禾草植物的叶片具有一道道牢固的防止蒸腾的"工事"，以尽量减少水分的消耗。

此外，少浆液植物还有一个特点就是它们的根系非常发达，能够迅速而充分地吸收土壤中的水分。

还有一种生长在我国西北荒漠中的胡杨树，堪称是植物中的勇士。它能在缺水、缺土壤的干旱荒漠中成片生长，都缘于它有一套特殊的生存本领。它能长到20米高，粗壮的树干平时非常注

意储存水分，以备干旱的时候用。如果挖开它的树根，顺着根找尽头，会越找越远，它的根可以扎到10米以下的地层中吸取地下水。

不管怎样，旱生植物不仅以其外部形态特征来适应干旱，更重要的还在于其内在的生理特征，如细胞的固水、保水能力较强，渗透力较高，因此能从极干旱的土壤中吸取水分，保证水分的供应。

当然，这类旱生植物的耐旱力并不是无限的，一旦干旱超过它们所能忍受的限度，它们也会死亡。

延 伸 阅 读

沙漠中有一种木贼，它的种子在降雨后10分钟就开始萌动发芽，10个小时以后就破土而出，迅速地生长，仅仅两三个月就走完了自己的生命历程。它们适应气候，利用短暂的雨季或仅一次降雨来完成生长和繁殖，从而避开旱季。

树的神奇作用

　　我国云南省兰呼县有一种"膏药树"，高10米左右。每年6月至7月，当地群众就像割胶一样，在树上开一个裂口，裂口上便有一种乳白色的汁液流出来，将这种香味浓郁的胶汁涂在布片上，制成膏药，可用以治疗跌打损伤和风湿等病，效果极佳。

　　有一种名叫三尖杉的树，具有抗癌的功效。三尖杉是一种常绿灌木或小乔木，高不过12米。它的树皮是灰色的，叶子是长条形的，跟一般的杉树相似。

　　海南省保亭热带植物研究所生长着一种名叫"维生素之王"的世界珍稀果树，这种"皇牌树"

结下的一粒小小的阿西多拉果，就够一个人一天维生素C的需要量。

在我国黄山自然保护区，有一种奇特的树，这种树的体内含有大量苦水素，从树中提取出的汁液可以作为青霉素用，而且疗效比青霉素高好多倍。这种汁液没有副作用，使用的时候不需要做实验。

我国云南省贡山的青拉筒山寨中，有一棵高约20多米的大树。人们烹调食物时，只要摘其上的一片树叶或刮一块树皮放入锅内，菜肴味道便格外鲜美，故该树享有"味精树"美名。

阿拉伯国家生长着一种非常奇怪的灌木。这种树的果实呈黑色，吃一点就能起到镇静止痛作用，当地人们常用它治疗牙痛等

病症。

　　在南美洲亚马孙河的原始森林里面，生长着一种奇特的小灌木，夜里它能散发出一种奇特的气味，人闻到就昏昏欲睡。白天它发出幽香清凉的气味刺激人的大脑，能使睡觉的人迅速清醒，哭闹的小孩会停止啼哭。

　　墨西哥有一种叫"特别斯"的奇树。因为它对治疗皮肤烧伤有特殊的疗效，所以人们又称其为"皮肤树"。

　　当地人把这种树的皮剥下来晒干，再用火烧，烧到一定程度以后再把它研成粉末，把这种粉末敷在创伤的部位，创伤很快就会治好。

　　在墨西哥大地震后，皮肤树显示了它治愈外伤的神奇功效，

治好了许多伤员。经专家鉴定，这种树的树皮里含有两种抗生素和强大的促进皮肤再生的刺激素。

21世纪后，这种皮肤树已经被墨西哥政府定为珍稀树种，加以特别保护。

延 伸 阅 读

非洲卢旺达的原始大森林中，有一种树的枝条和叶子中含有一种特殊的液体，具有退烧作用，能治疗重感冒。感冒发烧时，摘几片"退烧树"树叶，放在嘴里咀嚼，一般只需半个小时就可以退烧。

计算树木年龄的方法

　　人们都会唱《祝你生日快乐》这首生日歌，每年自己或朋友过生日时，大家都唱生日歌以示祝贺。那么，树木也有年龄吗？怎么计算它们的年龄呢？

　　许多人家的厨房里都有一个圆圆的厚木墩，那是切肉用的。当刚刚买来这种木墩的时候，你仔细观察一下，就可以看到上面有一圈又一圈的密密麻麻的木纹，这些木纹有深颜色和浅颜色，

宽度也不一致，这叫做年轮。树木的年轮记录着它们的年龄，每年长出一轮，只要我们数一数年轮就知道树木的年龄了。

一年四季当中，树木生长的速度并不相同。春天阳光明媚，雨水充足，气候温和，树木生长得很快，这时生长出来的细胞体积大，数量也多，因此细胞壁较薄，木材的质地疏松，颜色也浅。

而在秋季，天气渐渐凉了，雨量减少，阳光也失去了夏天的炎热，树木生长速度就减慢了，这时生长出来的细胞体积小，数量少，细胞壁变厚，质地紧密，颜色就比较深。到了第二年，在去年深颜色的秋材之外，又生长出浅颜色的春材。

这样年复一年，深浅不

同的颜色互相间隔，就形成了一圈又一圈层次分明的花纹。根据树桩的年轮就能知道树木的年龄了。树木的年轮可以记录气候的变迁，还可以反映环境问题，还能反映出太阳的活动规律。

在我国也有许多1000多年的老树。据说在陕西省黄陵县轩辕黄帝的陵园里，有一棵黄陵古柏是轩辕黄帝亲手栽种的，到现在已有近5000年的树龄。

在山东曲阜孔庙有一棵松树，据说是孔子种植的，距今已有快3000年了；南京有一棵六朝松已经活了1400多年；江西庐山的黄龙寺有一棵晋朝的银杏树年龄将近1600年了。

北京西山的潭拓寺也有一棵高大繁茂的银杏树，树高约40米，直径将近4米，据说是辽代种植的，至今已有1000多年的历史了。

其他地方的树木爷爷也很多。

西伯利亚松可以活到1200岁；

欧洲的雪松和紫杉可以活到3000岁；坦桑尼亚的波巴布树年龄最大的竟然有5150岁了。

1749年，法国科学家亚当森到非洲西部的一个小岛上旅行，发现了300年前英国人刻在一棵大树上的文字。经测量，他判断这棵树已有了6000年的树龄了。

延 伸 阅 读

很久以前，一位西班牙人在位于非洲西北部大西洋中的加那利群岛上测定一棵龙血树古树，估计它的年龄大约是8000岁至10000岁，但是，它在1827年受到暴风雨的袭击死去了。这棵树可能是世界上目前所发现的年龄最大的树木了。

树木怕剥皮的原因

　　树皮广义的概念指茎维管形成层以外的所有组织，是树干外围的保护结构，即木材采伐或加工生产时能从树干上剥下来的树皮。其内层较柔弱，由形成层细胞向外分裂所产生，该层包括输导营养物质的韧皮部。

　　外层主要为死组织，由木栓形成层产生。形成层持续活动，树皮外层的老旧部分也就不断地脱落，这一层被称为落皮层。树

皮通常较茎部的木质部薄。树皮和木质部均由形成层产生。

树皮生于树茎的外部，它像盔甲一样保护着树茎。从外至内，树茎一般由表皮、周皮、初生韧皮部、次生韧皮部、形成层、次生木质部、初生木质部和树髓组成。

而树皮既包括手感粗糙坚硬的死的部分，也包括较软的、活的部分。人们甚至把树茎中形成层外的全部组织统称树皮。

树皮的作用除了能防寒、防暑、防止病虫害之外，主要是为了输送养料。在植物的皮里有一层叫做韧皮部的组织，韧皮部里排列着一条管道，叶子通过光合作用制造的养料，就是通过它输送到根部和其他器官中去的。有些树木中间已经空心，可是仍有勃勃生机，就是因为边缘的韧皮部存在，能够输送养料的缘故。

如果韧皮部受损，树皮被大面积剥掉，新的韧皮部来不及长出，树根就会由于得不到有机养分而死亡。

树皮不仅可以吸附环境中的许多有毒物质，而且还是一个优秀的监测大气的尖兵，还可以从历年来树皮吸附的有毒物质多少来监测大气环境的污染情况。

俗话说："人怕伤心，树怕剥皮"。当在树干上割一圈，深度到达形成层，剥去圈内的树皮后，经过一定时间，因为木质部完好无损，根系吸收的水分和矿物质沿木质部正常上运，环割上部枝叶可以照常生长。

然而由于韧皮部已被环剥去，光合产物运输受阻，所以环割的上端切口处聚集许多的光合产物，引起上端的树皮生长加强，形成粗大的愈伤组织，有时成为瘤状物。

如果环割得过宽，上下树皮就不能连接，时间长

了，根系原来贮藏的养料消耗完毕，根部就会慢慢饿死。地上部分的枝叶得不到充足的水、肥，光合作用、呼吸作用被破坏，最后整棵植物便会死亡。因此说"树怕剥皮"。

延　伸　阅　读

　　树皮可以制成品种繁多、用途广泛的树皮纤维板、树皮刨花板、树皮碎料绝缘板等。这些人造板材即轻巧又便于装饰，幅面宽大，结构均衡，绝热保温，不易翘曲，隔音吸音，耐腐蚀，它们的使用效果大大超过木材。

绿色树林的功效

在现代化大城市中生活的人们，每天被各种各样的音响烦扰着。汽车、摩托车的发动机声音和刹车声、工厂里机器的轰鸣声、建筑工地上的打桩声以及人声、音乐声和其他各种声响，组成了对人的情绪和健康有很大危害的噪音。

噪音会使人觉得心情烦躁不安、头痛头晕，产生失眠、心跳加快、血压上升等病症，甚至还会诱发精神病。可见噪音真是人

类的一大公害。所以，生活在大城市里的人大都喜欢在节假日时到公园里去走走。当我们在茂密的树林里悠闲地散步时，会感到十分宁静，心情舒畅、愉悦。这主要是因为在树林里没有噪音，给人们提供了一个幽静的环境。

树木的枝干和浓密的树叶能吸收声波，而且还能不定向地反射声波。因此，当噪音进入树林里后，一部分被吸收了，另一部分又被反射了，于是噪音大大地减弱。

据统计资料表明，绿化的街道比没有绿化的街道噪音要低10分贝至15分贝。一般的居民住宅区夜间噪音应低于40分贝，白天应低于50分贝。如果超过60分贝，就会干扰人的正常工作和生活。80分贝的噪音会使人感到疲倦和烦恼。因此，住宅区和街道的绿化能减低噪音，对人们的心理和生理健康大有好处。

因此，在噪音多的地区，更应该植树造林，绿化不仅可以美化环境、净化空气、调节气温和湿度，还可以降低噪音，它的好处可真不少。

有病到医院里去求医治疗，这是人所皆知的事。可你知道绿色的森林也能治疗某些疾病吗？这就是比较盛行的一种绿色疗法。森林中的绿色植物在进行光合作用时，能吸收二氧化碳，放出氧气，满足人类的需要，使大气中的碳氧循环保持平衡，而且还能吸收环境中的有毒气体，杀死空气中的细菌，有利于人类的健康。据研究，绿色森林会产生一种对人体极为有益的带电负离子。负离子具有调节神经系统和改进血液循环的功能，可以镇咳、止痉、镇痛、镇静和利尿，所以人们把它誉为空气中的"维生素"。

森林中的树木分泌出的一种植物杀菌素，可以杀死结核、伤

寒、痢疾、霍乱、白喉等病菌，所以，森林可以作为治疗结核病和肺气肿病的"医院"。病人在这里只要每天清晨和傍晚到林中呼吸一小时至两小时的空气，就可以起到治疗的作用，坚持数月，病情会大有好转以至痊愈。

延 伸 阅 读

据称，如果有烧伤病人在做过手术后到林区里呼吸负离子空气，就可以加速伤口的愈合。患有气喘病、流感、高血压、风湿性关节炎、神经性皮炎等疾病的人，到林区里进行疗养，可以收到比吃药、打针还要好的效果。